F. LEPEINTRE

D'Alençon à Alger

ET RETOUR

3-26 AVRIL 1903

ALENÇON
IMPRIMERIE VEUVE FÉLIX GUY & Cie
11, RUE DE LA HALLE-AUX-TOILES, 11

1903

F. LEPEINTRE

D'Alençon à Alger

ET RETOUR

3-26 AVRIL 1903

ALENÇON
IMPRIMERIE VEUVE FÉLIX GUY & Cie
11, RUE DE LA HALLE-AUX-TOILES, 11

1903

D'Alençon à Alger et retour

Depuis longtemps, nous caressions l'espoir de faire le voyage d'Alger où habite notre fils. Nous avons pu enfin cette année mettre notre projet à exécution ; et, le 3 avril, nous avons quitté Alençon.

Notre première étape a été Bretoncelles, où nous sommes allés voir ma famille. Bretoncelles est un joli bourg du Perche ; entouré de collines, il est situé au fond d'une riante vallée qu'arrose la Donnette, aux truites succulentes. La chronique rapporte que les Bretons, en lutte contre Charles-le-Chauve, ont dressé leurs tentes dans ce lieu pittoresque : cellules des Bretons, « Bretonum cellœ », d'où, par corruption, dans la suite, on a fait Bretoncelles. Un sanglant combat y a été livré en 1870.

Nous passons à Chartres, vieille capitale des Carnutes ; sa cathédrale, avec sa crypte, est un chef-d'œuvre. On y trouve encore quelques vestiges des anciennes fortifications, notamment la porte Guillaume, soigneusement conservée.

Maintenon nous rappelle le souvenir de Françoise d'Aubigné, veuve du poète Scarron, devenue l'épouse morganatique du Roi-Soleil, qui acheta pour elle cette magnifique propriété que possède aujourd'hui la famille de Noailles. Puis Saint-Cyr, où Mme de Maintenon est bien oubliée aujourd'hui, mais où elle a néanmoins rendu de grands services.

Versailles et son palais passent comme un éclair, puis nous arrivons à Paris où nous restons deux jours. Nous visitons seulement le donjon de Vincennes, qui nous rappelle la fière réponse du brave Daumesnil, aux jours malheureux de l'invasion.

Le lundi 5 avril, à 2 heures du soir, nous quittons Paris. Nous passons à Melun, à Fontainebleau qui, sous François Ier, n'était qu'un rendez-vous de chasse. Tout le monde a entendu parler de sa forêt, dont les sites ont tant de fois inspiré les artistes; de son château, où Napoléon Ier retint le pape captif et où, en 1814, au moment de la débâcle, il fit à sa vieille garde des adieux restés légendaires.

Montereau nous rappelle la lutte des Bourguignons contre le roi de France et

l'assassinat de Jean-sans-Peur par Tanne-
guy-Duchâtel. A Laroche, nous trouvons
le canal de Bourgogne ; puis c'est Mont-
bard qui a vu naître le naturaliste-littéra-
teur Buffon.

En gens pratiques, nous prenons la plupart de nos repas dans notre compartiment,
non sans incidents, car les verres sont constamment sur le point d'être renversés, ou
bien nous sommes tout à coup plongés
dans les ténèbres par l'entrée brusque du
train sous un tunnel. Nous en prenons
gaîment notre parti, et l'aventure se ter-
mine toujours par un éclat de rire.

Nous arrivons à Lyon à 10 heures 20 du
soir ; nous nous couchons et le lendemain
matin, à la première heure, nous nous
dirigeons vers Fourvières ; le tramway nous
conduit au pied de la colline, et, dans un
décor enchanteur, nous apercevons l'église
et les maisons comme si elles étaient bâties
sur les nuages. En quelques minutes le
funiculaire nous hisse au sommet. Ce funiculaire est mû par l'électricité ; un câble en
fil de fer s'enroule autour d'un treuil et
monte ou descend l'unique wagon, dans
lequel on est confortablement installé. Des
crans d'arrêt offrent toute sécurité en cas
de rupture du câble. Nous visitons l'église
où les dorures le disputent au marbre ;
c'est une orgie de richesses. Nous retrouve-

rons d'ailleurs la même prodigalité à Notre-Dame d'Afrique et à Lourdes, témoignage palpable de la foi robuste et inlassable des fidèles. De la terrasse de Fourvières, par un temps clair, on découvre la ville de Lyon et on jouit d'un horizon splendide. Malheureusement le brouillard était si intense que nous n'avons rien vu ; et, au plus vite, nous avons rejoint la gare pour prendre le train de Marseille.

A Valence, nous constatons un changement notable de température. Nous jetons un rapide coup d'œil sur Montélimar, pays du nougat et du Président Loubet ; le premier survivra au second, malgré sa notoriété actuelle.

En passant, je cherche en vain le théâtre d'Orange. Nous arrivons à Avignon ; son château, que baigne le Rhône, se dresse toujours majestueux, mais non plus menaçant. Bastille cléricale, il a entendu bien des plaintes. Et dire qu'il y a bientôt quarante ans, sous l'Empire, j'ai failli me faire expulser de l'Ecole normale, parce qu'un jour un professeur à l'esprit obtus me surprit, solfiant la romance *Le Palais des Papes*. Je m'en rappelle encore le refrain :

Passez, gais bateliers, sans regarder ces grilles ;
Sans frapper au castel, passez, gais troubadours ;
Il ne faut pas mêler, rieuses jeunes filles,
Aux larmes des captifs le chant de vos amours.

Le temps a marché depuis, heureusement ! Et cependant la libération complète de l'enseignement laïque et du personnel n'est pas encore définitive. On n'ose pas donner des ordres impératifs, qui pourtant seraient reçus avec reconnaissance. Un ministre énergique et sans peur, s'il vous plaît !

A 5 heures et demie du soir, le mardi 7 avril, nous arrivons à Marseille, où nous visitons une famille à laquelle nous avions été recommandés et qui nous a rendu service. Pour moi, la Cannebière, tant vantée par les Marseillais, a une réputation surfaite ; c'est une large avenue plantée d'arbres et bordée de magnifiques cafés et de splendides magasins ; mais on voit cela autre part. Elle débouche sur le Vieux-Port où n'entrent plus que des voiliers ; le nouveau port, la Joliette, a en effet accaparé toute la vie maritime.

Le lendemain matin je cours aux bureaux de la Compagnie transatlantique ; je fais transporter nos bagages au bateau ; et, à midi, après avoir essuyé un violent coup de mistral, nous sommes à bord du *Duc-de-Bragance* (expliquez-moi pourquoi on est allé en Portugal chercher un nom de paquebot français) ; nous sommes confortablement installés dans une cabine à trois, retenue depuis quinze jours ; nous sommes chez nous.

L'installation terminée, nous montons sur le pont, où cent cinquante passagers au moins circulent par groupes, devisant comme sur une place publique. Tout à coup le bateau démarre ; il s'éloigne lentement du ponton ; tout le monde regarde la ville que nous allons quitter. Les amis et les parents restés sur le quai agitent leurs chapeaux ou leurs mouchoirs. Bientôt nous franchissons la passe ; immédiatement la brise fraîchit, le roulis se fait terriblement sentir ; une vague s'élève et retombe avec fracas sur le pont : c'est alors un sauve-qui-peut général. Mais, pour qui n'a pas le pied marin, descendre dans ces conditions du pont dans la cabine n'est pas chose facile. Nous nous tenons énergiquement tous les trois ; et, après des efforts inouïs et des écarts effrénés, nous gagnons l'escalier. Oh ! alors, le terrible mal de mer sévit ; presque tous les passagers de seconde classe sont atteints ; mais, gazons ! c'est vingt-six heures de martyre.

Le jeudi 9 avril, je passe avec ma fille une grande partie de la matinée sur le pont, car la mer est devenue plus calme. A 2 heures du soir, nous apercevons la terre ; la côte décrit un immense arc du cap Matifou aux bâtiments de l'amirauté. La ville nous offre d'abord l'image d'une immense carrière de pierre blanche, mais peu

à peu les différents monuments se dessinent
à nos yeux et un Algérois nous cite, en
dehors de l'Amirauté, le Palais consulaire,
la Cathédrale, la Mosquée, le Palais du
Gouverneur. Nous entrons dans le port, et,
avant que le bateau ait accosté, le pont est
envahi par une nuée d'Arabes, pieds nus,
en loques, qui, pour transporter vos bagages, vous importunent dans un charabia
où vous distinguez à peine quelques mots
d'un français douteux. Enfin nous sommes
à terre ; et, après avoir risqué vingt fois
d'être renversés et écrasés, nous trouvons
nos enfants et des amis qui nous attendent
avec impatience. Nous sommes heureux,
ma femme surtout, de marcher sur un terrain qui n'est plus mobile. Je me rappelle
que quelques jours auparavant, une mal-
heureuse institutrice, membre d'une cara-
vane, en proie à des nausées intolérables,
disait à son mari : « Je t'en prie, va faire
arrêter le bateau. »

Nous consacrons la journée du vendredi
à la visite de la ville. Du boulevard de la
République, entièrement conquis sur la
mer, qu'il longe, nous pouvons jeter à
loisir un coup d'œil sur le port ; il est pro-
tégé contre les flots par une très longue
digue, composée d'énormes blocs de maçon-
nerie, que le flot ronge néanmoins avec fa-
cilité, et qu'il faut souvent remplacer. Nous

visitons la station des torpilleurs faisant partie de la défense mobile, puis nous rentrons en ville ; c'est la rue de la Lyre, quartier juif ; la rue Bab-Azoun, avec ses arcades de chaque côté. C'est là que les Algéroises, en général fort jolies, et portant très bien la toilette, viennent faire leur promenade quotidienne.

La rue Randon est le quartier indigène ; les Arabes y fourmillent ; les uns font des burnous, la plupart passent leur temps à se draper majestueusement dans leurs loques. Ils vivent de quelques sous qu'ils gagnent en qualité de commissionnaires ou de balayeurs ; ils se contentent de peu d'ailleurs : un sou de sardines fraîches, un sou de pain et un verre d'eau. Les Arabes aiment beaucoup les cartes, vous les voyez accroupis sur des nattes et jouer pendant des journées entières ; ils se servent de cartes espagnoles.

Le soir, nous visitons la Casbah ; c'est le quartier aux mœurs faciles : mauresques, andalouses vous invitent à qui mieux mieux à prendre une tasse de café, avec toutes les suites que vous pouvez deviner. Tout cela vous a une couleur locale tout à fait particulière. Il paraît que le soir il ne fait pas bon s'aventurer dans ces ruelles étroites, tortueuses, à pente rapide, et fort peu éclairées : le poignard y joue souvent.

Nous redescendons par un jardin public, baptisé, je ne sais pourquoi, « Jardin de Marengo », puis par le Lycée, installé dans une situation magnifique. Nous suivons la rue Bab-el-Oued ; c'est le quartier espagnol, les hommes sont terrassiers, les femmes cigarières. Malgré la fatigue, nous montons à Notre-Dame-d'Afrique, souvenir du cardinal Lavigerie. Là, nous retrouvons le luxe que nous avons vu à Fourvières. Ce qui m'a le plus frappé, c'est l'immense horizon qu'on découvre du portail même de l'église. On avait dressé tout au bord du rocher, faisant face au portail, les statues des apôtres, je crois, car je n'ai découvert aucune inscription ; mais la plupart des statues ont disparu, le piédestal reste veuf ; les autres sont affreusement mutilées, peut-être par les éléments, peut-être aussi par les hérétiques : elles sont lamentables.

Samedi 11. — A 6 heures 5o du matin nous prenons le train pour Blida. La ligne ferrée est bordée d'eucalyptus, d'aloès, de cactus, de fenouil. Nous traversons la fertile plaine de la Métidja ; je ne m'étonne plus si les Romains, experts dans l'art de la colonisation, en avaient fait le grenier de l'Italie : champs de blé, herbages, vignobles, orangers se succèdent. Il n'est pas rare, m'a-t-on dit, de trouver des vignobles de cinq ou six cents hectares d'étendue appartenant au même propriétaire ; mais on ajoute que le vin de la plaine est beaucoup moins estimé que le vin des coteaux. Les plants d'orangers sont entourés de haies de cyprès pour les protéger contre le siroco qui, soufflant au moment de la floraison, brûle les fleurs et anéantit la récolte. Il n'est pas rare de voir sur le même pied d'oranger des fruits mûrs, des fleurs épanouies et des bourgeons.

Nous passons à Boufarik, une jolie ville de neuf mille habitants où l'on a installé, voilà quelque temps, une école primaire supérieure qui, de l'avis des gens compétents, aurait mieux été à sa place à Alger ; mais les influences politiques s'exercent partout, même, et peut-être surtout, en Algérie.

Nous arrivons à Blida, très jolie cité de vingt-six mille habitants. La gare est située à près de deux kilomètres de la ville ; des voitures publiques, vastes chars-à-bancs conduits par des indigènes, font le service. De petits Arabes, leur boîte à cirage en bandoulière ou sous le bras, trottinent à côté des voitures, et, à l'arrivée, vous offrent leurs services avec une importunité qui ne tarde pas à devenir fatigante.

N'était la flore qui n'a rien de commun avec la nôtre, Blida a tout l'aspect d'une ville française : au centre, une magnifique place carrée entourée d'une double rangée d'arbres, des rues spacieuses, de beaux magasins, de somptueux cafés, et des guerriers ! je crois qu'il y en a autant que de civils ; ce n'est que bruit de sabres ferraillant sur les trottoirs. Blida a aussi sa Casbah, son quartier maure ; nous avons constaté qu'il était mieux aéré, bien plus propre qu'à Alger. Nous prenons le cours Bizot ; un square contigu porte le nom de « Jardin sacré », à cause d'un tombeau élevé à l'honneur d'un marabout.

Nous prenons une voiture pour nous conduire aux gorges de la Chiffa, à seize kilomètres environ au sud de Blida, à une soixantaine de kilomètres au sud d'Alger. Le terrain que nous traversons n'est que le prolongement de la Métidja, avec des ondulations qui annoncent les contreforts les plus avancés de l'Atlas. Nous traversons différents oueds, lits à peu près desséchés de cours d'eau qui, au moment des crues, atteignent plusieurs centaines de mètres de largeur ; le laurier-rose y est fleuri. Les ingénieurs bâtissent à grands frais des ponts sur ces cours d'eau, au moment de la sécheresse, pour le passage d'une route ou d'une voie ferrée ; mais il n'est pas rare, au moment des crues, de voir la rivière, trouvant une fissure, se creuser un passage à côté du pont. Vous devinez les travaux et les frais qui sont la conséquence des caprices de ces fleuves algériens.

J'ai remarqué de chaque côté de la route de petit canaux au cours rapide, je me suis informé, on m'a répondu qu'ils servaient à l'irrigation des terrains. C'est un système fort bien organisé ; chaque propriétaire ou fermier loue l'eau pendant deux heures ; son robinet est ouvert, l'eau s'écoule sur ses terrains, puis c'est le tour d'un autre. Il faut convenir que voilà une administration bien comprise et il paraît que tout est si bien réglé que les réclamations sont extrêmement rares.

Cependant la voiture roule toujours ; nous entrons dans les gorges de la Chiffa ; quel tableau pittoresque, agreste, presque sauvage ! A notre droite des sommets de six cents mètres d'élévation ; au-dessous de nous, à quarante ou cinquante mètres, accrochée comme la route au flanc de la montagne, la ligne ferrée de Blida à Médéa. Tous les deux cents mètres au plus, la ligne passe sous un tunnel : c'est d'une hardiesse extraordinaire. A cent mètres au-dessous, au moins, coule la rivière qui, au moment où nous l'avons vue, n'était guère qu'un petit ruisseau, mais qui, à la moindre crue, devient un torrent impétueux.

Nous arrivons au restaurant où la voiture nous débarque ; et, après avoir commandé notre déjeuner, nous continuons la route à pied. A quelque distance nous rencontrons une voiture publique attelée de six chevaux et bondée d'Arabes ; c'est la diligence qui fait le service entre Blida et Gardaïa, à huit cents kilomètres au sud ; c'est la même voiture, paraît-il, qui fait le trajet. Nous revenons au Restaurant des Singes, ainsi nommé parce qu'on y voit des singes en liberté ; j'avoue n'en avoir vu qu'en cage. La table est dressée au bord du ruisseau : orangers, citronniers, bougainvilliers, bassins, cascades, rien ne manque au paysage ; de plus on nous sert un repas abondant et succulent, dont l'extrême bon marché nous étonne. J'avoue que c'est l'excursion la plus agréable que j'aie faite pendant mon voyage en Algérie.

Mais il faut songer au retour ; nous quittons donc ce lieu délicieux pour descendre à la station de Sidi-Médani-les-Gorges, prendre le train qui vient de Médéa. Le chef de gare est seul ; c'est un vrai factotum ; il est Français. La conversation s'engage et il nous raconte que, la veille, deux Arabes demandent un billet pour Blida, puis se mettent en prière. Le train arrive ; le chef de gare invite les Arabes à monter, ces derniers ne bougent pas ; il réitère son invitation ; rien. Et comme il est plus esclave de sa consigne que fervent disciple de Mahomet, il donne le signal du départ et le train file. Les deux Arabes, ayant terminé leurs invocations, se lèvent et réclament impérieusement, mais sans succès, le remboursement de leur argent. Tableau !

Dimanche 12. — Le matin du jour de Pâques est en partie consacré au repos ; le soir, nous parcourons la promenade du Télemly. Supposez une rue de plusieurs kilomètres de longueur surplombant la ville d'Alger que l'on découvre étagée au-dessous de soi, avec la mer comme horizon ; à droite, des rochers que couronne le Fort l'Empereur et desquels coulent de minces ruisselets qui entretiennent une fraîcheur délicieuse ; au sommet, des arbres énormes donnant un ombrage agréable ; à gauche, de riches villas dont les jardins sont plantés d'orangers, de citronniers, de palmiers, de bananiers, etc., vous aurez une idée de cette promenade qu'adorent les Algérois.

Nous nous arrêtons au café des Trembles, où nous buvons de la bière de la Loire ; puis nous nous rendons au Bois de Boulogne. Vous souriez ! Mais si, on trouve le Bois de Boulogne à Alger, mieux à Mustapha ; c'est une suite de mamelons plantés de différentes essences, mais surtout de sapins ; c'est très agréable pour une

ville qui, en été, est couverte de poussière
et légèrement rôtie par le soleil.

Le lundi de Pâques est la fête de la
Mouna pour les Espagnols ; la mouna est
une grosse brioche, pleine, serrée et très
épaisse. Tout bon Espagnol doit à son
honneur de ne pas manquer la fête de
la mouna ; il en est qui économisent
pendant un an pour faire bonne figure ce
jour-là. Les uns viennent en voiture, les
autres à dos d'âne ; les plus pauvres ap-
portent les provisions sur leurs épaules,
car c'est un repas pantagruélique que l'on
fait là, sur la grève ; les groupes se forment
entre familles ou entre amis ; le foyer est
dressé, la marmite le couvre, le feu s'al-
lume et d'énormes quartiers de viande sont
engloutis par tous ces gens qui opèrent
comme de véritables affamés. La mouna
est partagée, le vin et le café coulent à flots ;
les danses s'organisent, les chants s'élè-
vent, le flot mêle son bruit à tous ces
bruits, et tout ce peuple en délire offre à
l'étranger positif un spectacle qui le rend
rêveur.

Nous n'avons qu'un pas à faire pour arriver au Jardin d'Essai, véritable jardin
d'acclimation où toutes les essences sont
cultivées, où l'on trouve des palmiers, des
bambous, des bananiers avec leurs régimes
de fruits, des rosiers qui sont de véritables

arbres, et des ficus, m'a-t-on dit, dont le tronc mesure dix mètres de circonférence.

Mardi 14. — Ce jour-là, nous descendons au port pour voir l'arrivée de l'escadre anglaise ; puis nous remontons en ville, nous contournons le Fort l'Empereur et nous trouvons des ravins où pas un pouce de terrain n'est laissé en friche ; c'est l'œuvre des Mahonais, qui excellent dans la culture maraîchère. Nous allons jusqu'à un gros bourg, El Biar (le Puits), où nous voyons un magnifique arc de triomphe sous lequel devra passer M. Loubet.

Mercredi 15. — C'est le jour de l'arrivée du Président de la République. La terrasse d'une maison située près du port est gracieusement mise à notre disposition ; de là nous voyons parfaitement.

L'escadre fait son entrée dans le port ; le *Jeanne d'Arc* ralentit à peine son allure et évolue avec élégance pour occuper la place qui lui est réservée. Le Président et sa suite descendent dans des canots que des remorqueurs conduisent à l'Amirauté. Le cortège s'organise rapidement ; il défile sous nos yeux, au milieu d'une foule immense que des cordons de troupes maintiennent à grand'peine, et que dépasse de plus de deux mètres un original en habit, en gants blancs et en haut de forme, monté sur des échasses. Pendant ce temps, le canon tonne. Que de poudre, mon Dieu ! il paraît que chaque coup revient à 8 francs.

Le soir, aux décorations de la ville est venue se joindre l'illumination des monuments publics, des torpilleurs et des trente-cinq cuirassés au mouillage. A un coup de canon, tout est devenu resplendissant de lumières multicolores ; seul, le pauvre Pélayo est resté dans l'obscurité : son appareil était détraqué.

Jeudi 16. — Nous assistons à la revue qui a lieu sur le champ de manœuvre de Mustapha ; pompiers, génie, infanterie de ligne, zouaves, tirailleurs, chasseurs à cheval, artilleurs défilent et soulèvent d'unanimes applaudissements. Devant ces exhibitions militaires, tout le monde redevient un peu chauvin.

A midi, nous allons, avec des amis, déjeuner au restaurant. Près de nous, un curé barbu, comme tous là-bas d'ailleurs, achève son repas ; il demande un cognac et un cigare et paraît éprouver une grande satisfaction en humant l'un à petites gorgées et en voyant se dérouler en volutes régulières la fumée de l'autre. Nous l'avons laissé dans son extase.

Vendredi 17. — Nous visitons l'Ecole normale d'Alger, ainsi nommée sans doute parce qu'elle est installée à Bouzaréa, petit bourg situé à 6 kilomètres de la ville ; un tramway y conduit. Bouzaréa est à plus de 400 mètres d'altitude, sur un plateau extrêmement sain, entouré de vallons où l'on cultive la vigne.

L'école elle-même a ses vignobles dont elle tire un excellent parti. Elle comprend d'immenses bâtiments qui avaient été construits pour servir d'asile d'aliénés ; on y trouve donc la science appuyée sur la raison, tandis qu'on n'y eût même pas trouvé la raison.

Nous apercevons Sidi-Ferruch, où débarqua l'expédition française en 1830. Nous visitons à quelques pas un village berbère ; les dames seules entrent dans le premier gourbi, occupé par la famille du garde champêtre, qui nous guide. Pour entrer dans les autres, nous montrons notre porte-monnaie ; immédiatement les yeux se dilatent, les mains se tendent ; nous pénétrons : puissance de l'argent ! Rien d'extraordinaire, si ce n'est une extrême propreté qu'on ne supposerait pas dans un misérable réduit en pierre sèche et couvert d'aloès et de cactus.

Samedi 18. — Excursion à Mustapha ; visite au Musée des antiquités romaines : poteries, mosaïques, statues, etc., retrouvées en différentes parties de l'Algérie. Nous descendons ensuite au salon des artistes algérois qui, tous les ans, exposent leurs œuvres nouvelles. J'ai été mis en relation avec trois d'entre eux dont les tableaux, de l'avis des connaisseurs, ont une valeur réelle : Rigottard, Lemaître, Herzig. Ce dernier cultive la charge et, franchement, c'est à se tordre en voyant ses personnages. Je me rappelle notamment un jury de paysans examinant un lot d'animaux gras dans un comice agricole : c'est parfait.

De là, nous nous rendons au Palais d'Été du Gouverneur. De chaque côté de la grille d'entrée on voit les bustes des gouverneurs les plus célèbres ; de l'autre côté de la rue, face à la grille, se trouve la statue de Mac-Mahon, grandeur naturelle. Nous pénétrons sous la conduite du concierge, qui, paraît-il, se fait un joli revenu en pilotant les visiteurs ; nous voyons la salle des réceptions, la salle des fêtes, etc. En sortant du Palais, j'aperçois, au pied d'un escalier, une vraie montagne de paillots, témoignage du nombre de bouteilles de champagne vidées au bal du mercredi précédent. A ce propos, on en raconte une bien bonne : M. Loubet recevait différentes délégations ; le représentant du Maroc débitait un discours interminable, M. Pelletan s'ennuyant envoie son chef de cabinet chercher des allumettes. Or, à Alger, les allumettes ne coûtent pas cher ; M. Tissier en rapporte tout un paquet et le présente à son chef qui, en homme pratique, met le tout dans ses poches et, sans souci du protocole, s'esquive pour aller fumer un cigare en dehors du Palais.

Dimanche 19. — Courses à Mustapha ; ce sont des Arabes surtout qui y prennent part. Le second acte comprenait un quadrille par les chasseurs ; c'est très intéressant, mais quel temps il a fallu consacrer, j'allais dire perdre, pour arriver à ce résultat : l'armée n'a pourtant pas été organisée pour amuser le public. La fête s'est terminée par la fantasia des caïds ; c'est une course effrénée pendant laquelle les cavaliers tirent des coups de feu ou lancent leurs fusils en l'air et les reçoivent avec une adresse étonnante. Pendant ce temps un vent impétueux souffle sans discontinuer ; il fait un froid glacial.

Lundi 20. — Nous faisons notre dernière excursion ; nous allons à Guyotville, à l'ouest d'Alger. Le trajet s'effectue partie en tramway électrique, partie en tramway à vapeur sur route. On longe la mer ; le coup d'œil est splendide, nous prenons un apéritif à la Villa des Tempêtes, au bord d'une grève magnifique ; la terrasse de la villa, comme le pont des navires, est munie d'ouvertures pour l'écoulement des eaux, car la vague capricieuse et importune vient souvent s'y abattre. Nous déjeunons dans une petite salle, au bord de la mer, à cent mètres au moins au-dessus du niveau de l'eau. Des fenêtres, nous voyons passer des voiliers, des bateaux côtiers et des barques de pêche; vous voyez le tableau.

Nous nous promenons pendant une heure au moins au bord de la mer, sur des rochers battus constamment par les vagues, dénudés, déchiquetés, ressemblant à d'énormes éponges pétrifiées : résultat de la force brutale et aveugle des éléments. Nous trouvons aussi des rocs de quartz schisteux que les gens du pays appellent marbre, mais qui est sans valeur.

Mardi 21. — C'est notre dernier jour à Alger ; la matinée est consacrée aux visites. Nous déjeunons ; nos enfants nous accompagnent au bateau ; puis c'est la scène des adieux. Au milieu d'un tohu-bohu indescriptible, heurtés par les commissionnaires apportant les bagages, nous arrivons à grand'peine sur le pont, d'où une dernière fois nous disons adieu aux nôtres. Le paquebot s'ébranle, décrit un arc et quitte le port pour la pleine mer. Nous jetons un dernier regard sur cette côte enchanteresse : Mustapha, Alger, Saint-Eugène, probablement unique au monde.

La mer est calme; des marsouins suivent le bateau, ils décrivent une courbe en nageant, ce qui fait dire à un loustic qu'ils

jouent à saute-mouton. La traversée s'effectue
sans incidents ; je fais honneur à la cuisine
du bord, à la fois abondante et succulente ;
et, le mercredi, à une heure et demie, nous
sommes à Marseille, mais il nous faut
attendre près d'une heure pour quitter *La
Ville-d'Alger*, car il y a un décès à bord,
et il en faut des formalités ! Et puis il nous
faut subir l'inquisition de la douane : pen-
sez-donc, les passagers pourraient intro-
duire de l'alcool, du tabac, des allumettes.
Les valises sont bouleversées ; vous prenez
le tout dans vos bras pour céder la place à
d'autres, vous bouclez plutôt mal que bien,
et en route pour l'hôtel. Nous y arrivons à
3 heures et demie, il pleut à torrents ; c'est
agréable Marseille, mais dans les traités de
géographie.

Jeudi 24. — Nous quittons Marseille à
7 heures 25 du matin. Pressés par le temps,
nous allons effectuer la dernière partie de
notre voyage avec une certaine précipita-
tion. Nous passons à Tarascon, à Nîmes, à
Montpellier, et nous nous arrêtons deux
heures à Cette ; nous y sommes assaillis
par un violent coup de mistral qui faillit
nous renverser. Béziers nous rappelle les
débuts de la guerre des Albigeois, le mot
du légat à Simon de Montfort, retenu encore par le cri de sa conscience : « Tuez-les
tous ! Dieu saura bien reconnaître les

siens. » C'est Castelnaudary, où un Montmorency fut vaincu sous Louis XIII ; il paya de sa tête sa désobéissance au cardinal.

Le soir, nous couchons à Toulouse où de ma vie, je n'ai vu des hôtes aussi revêches ; je dois ajouter que le lendemain matin ils étaient plus polis. Nous visitons le Capitole, vaste construction en brique, derrière laquelle se trouve l'Hôtel de Ville moderne ; nous jetons un coup d'œil à l'église Saint-Sernin ; nous admirons en passant un magnifique groupe scolaire ; et, à 9 heures et demie du matin, nous reprenons le train. Nous descendons vers les Pyrénées ; après avoir vu la mer, nous allons contempler la montagne. Muret nous rappelle un épisode de la guerre des Albigeois. A droite de la Garonne, se dessinent les derniers contreforts des Pyrénées, tandis qu'à gauche se trouve une plaine qui s'étend jusqu'à Bordeaux.

Entre Muret et Saint-Gaudens, dans la vallée de la Garonne, on récolte des pêches savoureuses qui, dans les années d'abondance, se vendent deux sous la douzaine. Le train marche comme une tortue ; à chaque arrêt, de joyeux curés descendent sur le quai et allument un cigare ou une cigarette. De Lannemezan à Lourdes, la ligne paraît accrochée au flanc de la mon-

-tagne ; d'un côté, l'abîme ; de l'autre, les hauts sommets des Pyrénées couverts de neige.

Dans notre compartiment se trouve un jeune Mexicain qui a fait le vœu d'aller de la gare à la chapelle nu-pieds, un cierge allumé à la main. Or, quand nous arrivons, il tombe de la neige sur la montagne ; l'eau et la grêle nous assaillissent, il y a plusieurs centimètres de boue dans la cour de la gare. Nous souhaitons bon voyage au pèlerin et nous prenons le tramway pour la chapelle, située à deux kilomètres. La grêle fait rage toujours ; dans une accalmie, nous visitons trois églises qui sont superposées ; que de luxe ! Nous allons à la grotte ; des cierges brûlent ; des hommes, des femmes, des enfants sont plongés dans la prière, ils sont abîmés dans leur extase. Je quitte ce spectacle que d'autres admirent, mais que je ne veux pas qualifier. Nous voyons les piscines, car il y en a deux, côté des hommes et côté des femmes ; je ne sais si elles communiquent.

Le ciel s'est éclairci. Il faut convenir que le paysage est splendide ; à quelques mètres au-dessous de la chapelle coule le Gave ; un funiculaire grimpe à un sommet de près de mille mètres, où l'on a élevé un calvaire et d'où, par un temps clair, on doit découvrir un superbe horizon. Tout le monde, à Lourdes, vit de la chapelle ; on conçoit sans peine le désarroi dans lequel nous avons trouvé tous ces industriels, qui ont la ruine pour perspective. Nous revenons à la gare, rapportant, à défaut d'autre chose, une boue épaisse qui couvre nos chaussures et nous salit jusqu'à mi-jambes.

Nous passons à Pau, qui a vu naître Henri IV et Bernadotte ; nous couchons à Bayonne ; et, comme le corridor des chambres que nous occupons n'a pas de porte sur la cour intérieure, les chats ont fait rage toute la nuit, c'était un véritable sabbat.

De Bayonne à Bordeaux, le pays est pauvre ; on traverse des pins, des ajoncs, des genêts. Sur la rive droite de l'Adour, on découvre quelques prairies naturelles, mais qui n'ont rien de commun avec les gras pâturages de la Normandie. A Lamothe, reparaissent un peu la culture et la vie. Nous restons deux heures à Bordeaux. De Coutras à Angoulême, terrain plat, pauvre, d'une monotonie désespérante. Poitiers est dans une situation pittoresque, au fond d'un vallon. Tours est une très jolie ville. Nous visitons la cathédrale, la Loire et ses ponts, le musée, au moins en partie ; nous voyons Descartes et Rabelais, qui paraissent se sourire. De Tours au Mans, des pâturages, des prés, quelques dopins de vigne. Enfin, après un court arrêt au Mans, nous rentrons à Alençon, ayant parcouru un peu plus de 4.200 kilomètres.

En résumé, sauf la traversée, toujours désagréable, même pour les plus résistants, nous garderons de notre voyage le plus agréable souvenir. L'Algérie mérite d'être connue, et pour bien l'apprécier, il faut la visiter.

F. L.

Alençon. — Imprimerie Veuve Félix GUY et Cⁱᵉ.